EMPEZANDO

LOS TRENES BALA

MEG GREVE

CREATIVE EDUCATION • CREATIVE PAPERBACKS

Í N D

ICE

VEO UN TREN BALA.

Se ve borroso cuando pasa zumbando.

Este es uno de los trenes más veloces del mundo.

12
3
6
9
16

La mayoría de los **trenes** **llevan cosas**.

Los trenes bala llevan pasajeros.

Los aviones también son veloces. Pero los trenes pueden llevar a más gente.

La mayoría de los trenes bala tienen cables que pasan por encima del tren. Un tren bala se mueve gracias a la electricidad.

El viaje es tranquilo y silencioso.

La electricidad
viaja entre los
imanes.

Algunos trenes bala tienen <u>imanes</u> grandes También en las vías hay imanes.

HAZ UN
SONIDO
¡ZUU!

¡UUUM!

¿Puedes imitar los sonidos de un tren bala?

Escucha estos sonidos:

https://www.youtube.com/watch?v=qDkbI5xzlFA

PALABRAS DE TRENES BALA

electricidad: Una forma de energía que es regularmente llevada por cables.

imanes: Piezas de metal que atraen o alejan a otros imanes.

pasajeros: Gente que viaja en tren o en otro vehículo.

ÍNDICE ALFABÉTICO

PUBLISHED BY CREATIVE EDUCATION AND CREATIVE PAPERBACKS
P.O. Box 227, Mankato, Minnesota 56002
Creative Education and Creative Paperbacks
are imprints of The Creative Company
www.thecreativecompany.us

LIBRARY OF CONGRESS CATALOGING-IN-PUBLICATION DATA
Names: Greve, Meg, author.
Title: Los trenes bala / by Meg Greve.
Other titles: Bullet trains. Spanish
Description: Mankato, Minnesota : Creative Education and Creative Paperbacks, [2025] | Series: Empezando | Includes index. | Audience: Ages 4-7 | Audience: Grades K-1 | Summary: "Bullet trains will introduce budding book learners to a noisy, colorful world with this new Starting Out title, in American Spanish. Colorful photos, labeled diagrams, 'Make a Noise' section, glossary, and more ignite a passion for learning"-- Provided by publisher.
Identifiers: LCCN 2024002875 (print) | LCCN 2024002876 (ebook) | ISBN 9798889894438 (library binding) | ISBN 9781682778630 (paperback) | ISBN 9798889894551 (ebook)
Subjects: LCSH: High speed trains--Juvenile literature. | CYAC: High speed trains. | LCGFT: Instructional and educational works.
Classification: LCC TF1455 .G7418 2025 (print) | LCC TF1455 (ebook) | DDC 625.2--dc23/eng/20240208
LC record available at https://lccn.loc.gov/2024002875
LC ebook record available at https://lccn.loc.gov/2024002876

DESIGN AND PRODUCTION
Design by Rhea Magaro and Jennifer Bowers
Production by Beeline Media and Design
Art direction by Tom Morgan
Translation to Spanish by Base Tres
Printed in the United States of America

PHOTOGRAPHS by Getty Images (3alexd, baona, BanksPhotos), Shutterstock (Nerthuz, freestore 839, Nerthuz, yuyangc, phive, © Meinzahn, Sean Pavone, Artur Rodin, Oleksiy Mark, Bohbeh, aappp, cyo bo)